Jan Sauer

Praktikumsauswertung zum Interferenzrefraktor nach Jamin

GRIN Verlag

Bibliografische Information der Deutschen Nationalbibliothek:

Die Deutsche Bibliothek verzeichnet diese Publikation in der Deutschen National-
bibliografie; detaillierte bibliografische Daten sind im Internet über http://dnb.d-
nb.de/ abrufbar.

Impressum:

Copyright © 2008 GRIN Verlag GmbH
Druck und Bindung: Books on Demand GmbH, Norderstedt Germany
ISBN: 978-3-640-93901-5

Dieses Buch bei GRIN:

http://www.grin.com/de/e-book/173336/praktikumsauswertung-zum-interferenzre-
fraktor-nach-jamin

GRIN - Your knowledge has value

Der GRIN Verlag publiziert seit 1998 wissenschaftliche Arbeiten von Studenten, Hochschullehrern und anderen Akademikern als eBook und gedrucktes Buch. Die Verlagswebsite www.grin.com ist die ideale Plattform zur Veröffentlichung von Hausarbeiten, Abschlussarbeiten, wissenschaftlichen Aufsätzen, Dissertationen und Fachbüchern.

Besuchen Sie uns im Internet:

http://www.grin.com/

http://www.facebook.com/grincom

http://www.twitter.com/grin_com

PHYSIKALISCHES PRAKTIKUM FÜR FORTGESCHRITTENE
TECHNISCHE UNIVERSITÄT DARMSTADT

Interferenzrefraktor von Jamin

Abteilung A: Institut für Angewandte Physik

Jan Sauer

14.4.2008

Vorbereitung

Ziel dieses Versuchs war es, die Brechzahl von Sauerstoff und Luft in Abhängigkeit vom Druck des jeweiligen Gases zu messen. Hierzu wurde ein sogenanntes Jamin-Interferometer verwendet, dessen Funktionsweise dem Michelson-Interferometer sehr ähnelt. Ein Lichtstrahl wird an einer dicken Glasscheibe geteilt. Ein Teil des Lichtstrahles wird an der Oberfläche gebrochen während der andere Teil durch die Scheibe durchgeht und erst an der Rückseite gespiegelt wird. Die Teilstrahlen durchlaufen nun jeweils eine dünne Küvette. Diese können mit unterschiedlichen Medien gefüllt werden bzw. der Druck kann in einer Küvette kann variiert werden, so dass man den Gangunterschied und damit den Brechungsindex als Funktion der Druckdifferenz messen kann. Auf der anderen Seite der beiden Küvetten werden die Strahlen erneut geteilt, so dass insgesamt drei Teilstrahlen entstehen. Der mittlere Strahl entsteht durch Interferenz der beiden Teilstrahlen, die einmal an der Oberfläche und einmal an der Rückseite einer Glasscheibe reflektiert wurden, und ist für uns interessant, da er die Phasenverschiebung der beiden Teilstrahlen und damit die Differenz im optischen Weg wiederspiegelt. Die rechte Glasscheibe kann man um einen kleinen Winkel δ verstellen.

Für die Differenz der Brechzahlen n_i ergibt sich:

$$n_2 - n_1 = \Delta n = \frac{\Delta z \cdot \lambda}{s}$$

Wobei Δz die Anzahl der vorbeigelaufenen Interferenzstreifen bei der Druckänderung ist (siehe Versuchsablauf), s die Länge der Küvetten (s = 300mm $\pm$ 1mm) und λ die Wellenlänge des verwendeten Lichtes ist.

Der Brechungsindex hängt von den mikroskopischen Eigenschaften des Materials ab. Durch geeignete Idealisierungen lässt sich die sogenannte Clausius-Mosotti-Gleichung herleiten, die den Brechungsindex mit der Polarisierbarkeit α eines Materials in Verbindung bringt:

$$\frac{n^2 - 1}{n^2 + 2} = \frac{N \cdot \alpha}{3} \rightarrow \quad \alpha = \frac{3}{N} \frac{n^2 - 1}{n^2 + 2}$$

wobei N die Teilchendichte ist.

Versuchsablauf

Die Messungen werden mit einer Natriumlampe (λ = 589,3nm) und mit einer Glühbirne (also mit weißem Licht) an Luft und reinem Sauerstoff durchgeführt. Als erstes haben wir die Apparatur so justiert, dass das Interferenzmuster auf das Maximum nullter Ordnung eingestellt wurde. Dies war der Fall bei δ = 0,8 min

Brechzahl von Luft mit Natriumlicht

Wir haben als erstes eine der Küvetten evakuiert und dann langsam wieder mit Luft gefüllt. Da der Brechungsindex druckabhängig ist hat sich dabei das Interferenzmuster verschoben. Wir haben die vorbeigelaufenen Streifen gezählt und alle 10 Streifen den Druck abgelesen. Dieser wurde an einer Quecksilbersäule abgemessen und muss dementsprechend umgerechnet werden. Wichtig ist auch, dass der abgelesene Druck verdoppelt werden muss, da die Differenz der beiden Säulen der relevante Druckunterschied ist. Der Ablesefehler der Quecksilbersäule beträgt ±0,5 mmHg (entspricht nach Verdoppelung 133,322 Pa).

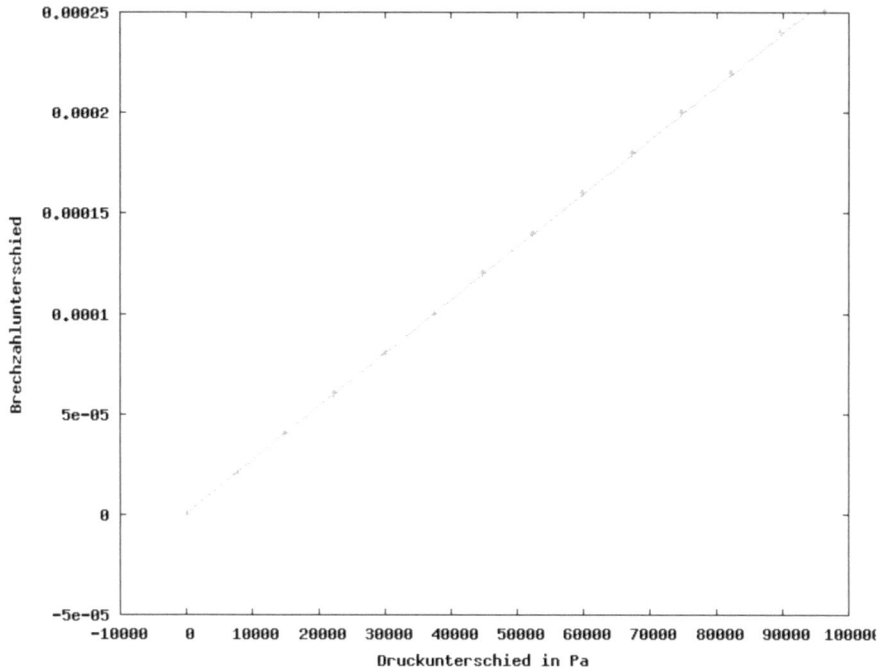

(Brechzahldifferenz in Abhängigkeit vom Druckunterschied für Luft mit Natriumlicht)

Man sieht, dass es einen linearen Zusammenhang gibt. Als Fitfunktion haben wir eine Funktion der Form $f(x)_L = A_L x + B_L$ genommen. Ein Fit an die Daten mittels Gnuplot ergab:

$$f(x)_L = (2.65212 \cdot 10^{-9} \pm 1.772 \cdot 10^{-11})x + (6.30967 \cdot 10^{-7} \pm 1.011 \cdot 10^{-6})$$

Man sieht, dass B mit einem absurd hohem relativem Fehler belastet wurde. Dies liegt an dem Algorithmus, mit dem Gnuplot solche Fitfunktionen berechnet, der für sehr kleine Zahlen große relative Fehler erzeugen kann. Sowohl der Wert als auch der Fehler sind jedoch sehr nah an Null, was der theoretisch erwartete Wert wäre. Der Zusammenhang zwischen Druck und Brechzahl ist vollständig in der Steigung enthalten, wir müssen uns also nicht weiter mit dem Wert von B zu beschäftigen.

Da die Brechzahl in dem betrachteten Druckbereich für Luft proportional zum Druck p ist und für die Brechzahl eines Vakuums (also bei p = 0 Pa) n = 1 gilt, lässt sich die Brechzahl von Luft durch

$$n(p) = 1 + \frac{\Delta n}{\Delta p} \cdot p$$

berechnen, wobei $(\Delta n / \Delta p)$ gerade die Steigung der Geraden ist, also einen Wert von $2.65212 \cdot 10^{-9}$ hat. Für Normalbedingungen gilt dann

$$n_L(p = 101325 \text{ Pa}) = 1{,}000269 \pm 1{,}795 \cdot 10^{-6}$$

Da n≈1 gilt, können wir $(n^2-1) \approx 2(n-1)$ und $(n^2+2) \approx 3$ abschätzen. So wird aus der Gleichung für α und mit der Gleichung für $n_L(p)$

$$\alpha = 2RT \frac{\Delta n}{\Delta p} \rightarrow \alpha_L = (1{,}205 \cdot 10^{-5} \pm 8{,}04877 \cdot 10^{-8}) \frac{m^3}{Mol}$$

wenn wir Luft als ideales Gas abschätzen. R = 8,314472 ist die Gaskonstante und T die Temperatur bei Normalbedingungen (also T = 273,15 K).

Brechzahl von Sauerstoff mit Natriumlicht

Wir wiederholen die Messung mit reinem Sauerstoff statt Luft. Dazu werden die Küvetten mit Sauerstoff gefüllt und nach dem gleichen vorgehen wie eben wird eine evakuiert und langsam wieder mit Sauerstoff gefüllt.

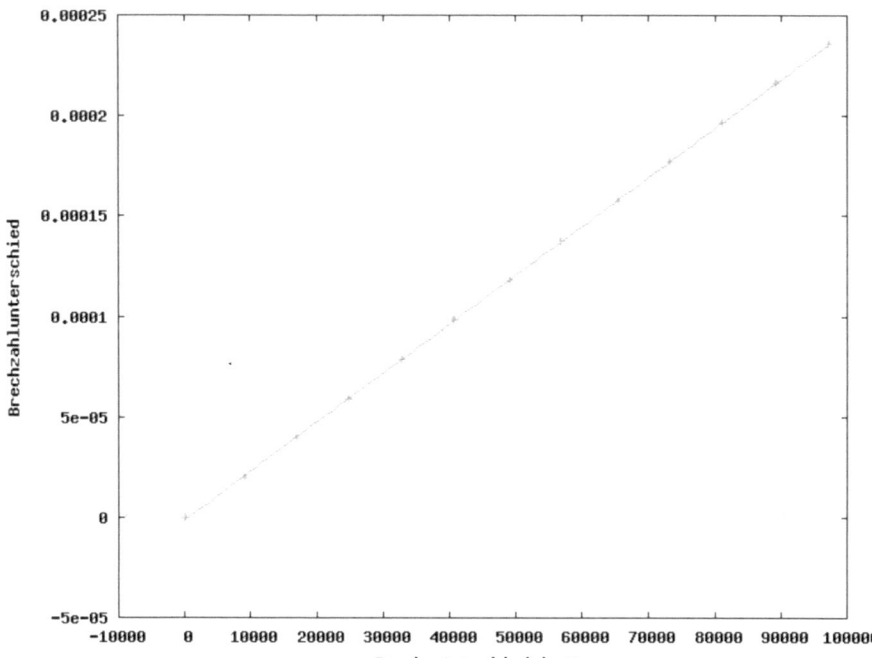

(Brechzahldifferenz in Abhängigkeit vom Druckunterschied für Sauerstoff mit Natriumlicht)

Als Fitfunktion ergibt sich:

$$f(x)_{O2} = (2.43738 \cdot 10^{-9} \pm 5.975 \cdot 10^{-12})x - (1.39921 \cdot 10^{-6} \pm 3.434 \cdot 10^{-7})$$

Hier gilt offensichtlich auch ein linearer Zusammenhang zwischen Druck und Brechzahl. Da die gemessenen Werte denen von Luft sehr ähneln können wir die Überlegungen von oben auch für Sauerstoff anwenden. Es ergeben sich für Sauerstoff:

$$n_{O2}(p = 101325\,Pa) = 1{,}000247 \pm 6{,}05417 \cdot 10^{-7}$$

$$\alpha_{O2} = (1{,}1071 \cdot 10^{-5} \pm 2{,}7199 \cdot 10^{-8})\,\frac{m^3}{Mol}$$

Da wir nun die beiden Eigenschaften für Sauerstoff und Luft kennen, können wir auch die Werte für Stickstoff approximieren. Luft besteht zu ca. 78% aus Stickstoff uns 22% aus Sauerstoff. Wir betrachten die gemessenen Werte für Stickstoff als Mittelwerte über ein beliebiges Volumen in dem dieses Teilchenverhältnis gilt:

$$n_L = 0{,}78 \cdot n_N + 0{,}22 \cdot n_{O2} \quad \rightarrow \quad n_N = 1{,}000275 \pm 2{,}30276 \cdot 10^{-6}$$

$$\alpha_L = 0{,}78 \cdot \alpha_N + 0{,}22 \cdot \alpha_{O2} \quad \rightarrow \quad \alpha_N = (1{,}2326 \cdot 10^{-5} \pm 1{,}03474 \cdot 10^{-7}) \frac{m^3}{Mol}$$

Hier sind n_N und α_N die Brechzahl bzw. die Polarisierbarkeit von Stickstoff.

Wellenlängenabstand der Natrium D-Linien

Wir haben in den vorigen Rechnungen das Licht, das eine Natriumlampe emittiert als monochromatisch mit der Wellenlänge λ=589,3 nm angenommen. Dies stimmt streng genommen nicht. Das Natriumlicht besteht nämlich aus zwei sehr eng benachbarten Wellenlängen $\lambda \pm \Delta\lambda/2$. Dies führt dazu, dass dem Interferenzmuster eine Schwebung überlagert wird. Wir werden abschätzen, bei welcher Beugungsordnung sich das Kontrastminimum befindet. Um hieraus auf $\Delta\lambda$ zu schließen, verwenden wir folgende Überlegung. Die Maxima des Interferenzmusters der kürzeren Wellenlänge sind näher aneinander als die der längeren Wellenlänge. Gehen wir davon aus, dass die Brechzahl für beide Wellenlängen identisch ist, dann gilt für beide bei einem Druckunterschied von $\Delta p = 0$:

$$\Delta n = \frac{\Delta z \cdot \left(\lambda + \frac{\Delta\lambda}{2}\right)}{s} = \frac{\left(\Delta z + \frac{1}{2}\right) \cdot \left(\lambda - \frac{\Delta\lambda}{2}\right)}{s} = 0$$

Bei den Kontrastminima einer Schwebung überlagern sich ein Minimum der einen Wellenlänge mit dem Maximum der anderen. Das heißt, wenn wir Δz Beugungsordnungen für die längere Wellenlänge messen, messen wir gleichzeitig $(\Delta z + \frac{1}{2})$ Beugungsordnungen der kürzeren Wellenlänge. Gleichsetzen dieser beiden Terme führt zu dem Ausdruck für $\Delta\lambda$:

$$\Delta\lambda = \frac{\lambda}{2\Delta z + 1}$$

Dabei haben wir $(\Delta\lambda)^2/4$ als 0 approximiert. Da wir den Literaturwert kennen und der Wellenlängenabstand 0,6 nm beträgt ist dies im Vergleich zu der Wellenlänge selbst ($\lambda = 589{,}3$ nm) nachvollziehbar.

Wichtig ist noch, dass hierbei keine Druckveränderung stattfindet und in beiden Küvetten der gleiche Druck herscht.

Wir stehen nun vor einem Problem: das Abzählen der Maxima. Da wir das Kontrastminimum suchen werden wir in der Umgebung dieses Minimums keine Beugungsordnungen mehr zählen können. Wir benötigen also eine andere Möglichkeit, die Beugungsordnungen abzuzählen. Hierzu verwenden wir die Glasscheibe hinter den Küvetten. Diese kann um einen Winkel δ verdreht werden. Dadurch verändert sich der optische Weg, den der Teilstrahl in der Glasscheibe durchläuft. Wir können also das Interferenzmuster nicht nur verschieben, sondern auch eine Eichskala aufstellen, da zwischen δ und Anzahl der vorbeigelaufenen Beugungsordnung für kleine Winkel ein linearer Zusammenhang besteht.

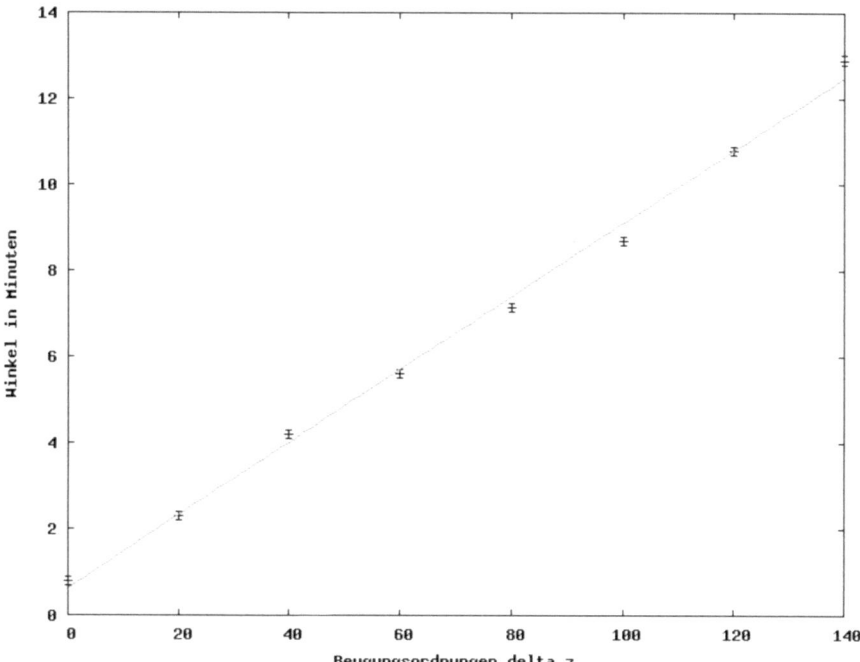

(Verhältnis zwischen Spiegelwinkel und Anzahl der vorbeigelaufenen Beugungsordnung)

Wir finden die Fitfunktion

$$g(x) = (0,0846726 \pm 0,001095)x + (0,629167 \pm 0,09165)$$

Wichtig ist, dass dies im Augenblick den Winkel (in Minuten) in Abhängigkeit von den Beugungsordnungen angibt. Wir werden die Funktion später invertieren müssen um von einem abgelesenen Winkel auf eine Anzahl vorbeigelaufener Beugungsordnungen zu schließen.

Wir können nun das Kontrastminimum für die beiden Natrium-D-Linien orten, in dem wir die Glasscheibe verstellen, so dass es im Sichtfeld ist. Da wir es aber nicht genau sehen können, müssen wir abschätzen wo es sich befindet. Dazu suchen wir uns zwei Punkten auf jeweils anderen Seiten des Kontrastminimums, die ungefähr den gleichen Abstand vom Minimum haben. Wir haben diese Abschätzung zwei mal gemacht (ein mal pro Praktikant). Aus diesen 2 Messungen haben wir dann den Mittelwert genommen und diese beiden Werte wieder gemittelt.

Untere Grenze	Obere Grenze	Kontrastminimum
φ_{Min} = 44 min	φ_{Max} = 48 min	φ = 46 min
φ_{Min} = 45 min	φ_{Max} = 48,3 min	φ = 46,65 min

Als Gesamtmittelwert ergibt sich dann φ_G = 46,325 min. Einsetzen in obige Eichfunktion ergibt ein Kontrastminimum nach Δz = 539,677 Beugungsordnungen.

Bei einer Wellenlänge von λ = 589,3 nm ergibt dies ein Wellenlängenabstand von $\Delta \lambda$ = 0,545 nm. Dies liegt etwas unter dem Literaturwert $\Delta \lambda$ = 0,6 nm. Da wir das Kontrastminimum aber mehr abgeschätzt als gemessen haben liegt dies noch in einem guten Rahmen. Eine explizite Fehlerabschätzung wäre schwierig, da wir lediglich zwei Messungen gemacht haben und der Fehler der beiden Grenzen kaum repräsentativ wäre.

Brechzahl von Luft mit Weißlicht

Wir wiederholen die Brechzahlmessung für Luft, diesmal aber mit Weißlicht aus einer Glühbirne. Weißes Licht ist eine Überlagerung vieler Frequenzen, weshalb es unmöglich ist, die Beugungsordnung abzuzählen. Wir betrachten stattdessen den sogenannten dispersionsfreien Punkt. Ist der Druck in beiden Küvetten gleich, so ist das 0. Beugungsmaximum für alle Wellenlängen an der gleichen Stelle und der dispersionsfreie Punkt ist eben diese 0. Beugungsordnung. Ändern wir ihn in einer Küvette, verschiebt sich der dispersionsfreie Punkt um einige Ordnungen. Statt Beugungsordnungen zu zählen, messen wir die Druckabhängigkeit des dispersionsfreien Punktes und messen den Winkel δ unter dem er zu finden ist. Diesen Winkel wandeln wir dann in Beugungsordnungen um, damit wir wie oben die Brechzahl ermitteln können.

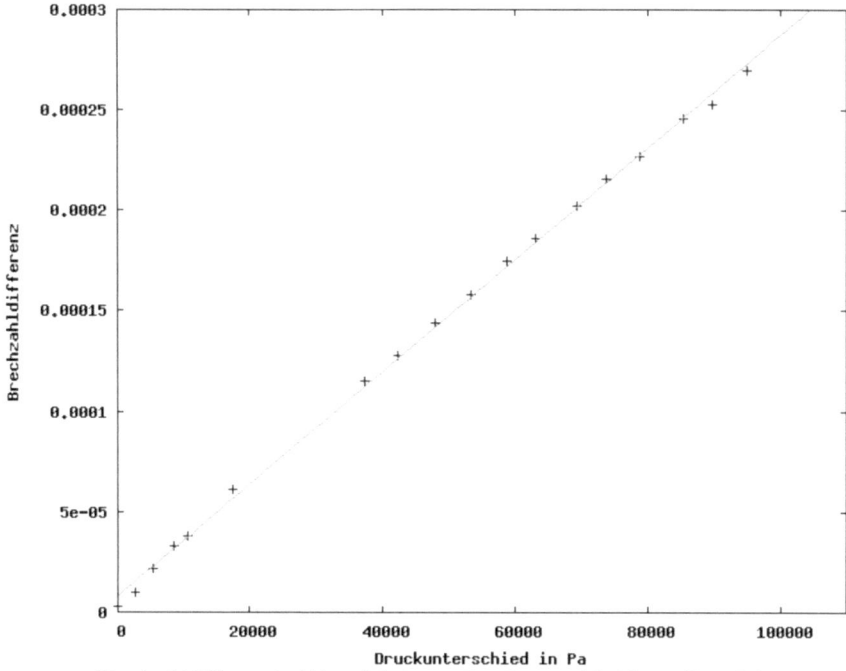

(Brechzahldifferenz in Abhängigkeit vom Druckunterschied für weißes Licht)

Es gilt die Fitfunktion:

$$f(x)_{L,\text{Weißlicht}} = (2{,}79453 \cdot 10^{-9} \pm 2.278 \cdot 10^{-11})x - (7.9317 \cdot 10^{-6} \pm 1.282 \cdot 10^{-6})$$

Für n bei Normaldruck (p = 101325 Pa) ergibt sich dann analog zu oben

$$n_{L,\text{Weißlicht}}(p = 101325 \text{ Pa}) = 1{,}000283 \pm 2{,}308 \cdot 10^{-6}$$

Wir hatten festgestellt, dass der dispersionsfreie Punkt bei einem Druckunterschied zwischen den Küvetten nicht auf der nullten Beugungsordnung liegt. Tatsächlich verschiebt er sich bei einer Druckveränderung um einige Beugungsordnungen. Wenn eine Küvette evakuiert wird, liegt der dispersionsfreie Punkt 8,5 Beugungsordnungen vom nullten entfernt.

Literaturangaben:

Literaturmappe aus der Lehrbuchsammlung für den Versuch 4.1b
Bergmann-Schäfer; „Lehrbuch der Experimentalphysik, Band 3: Optik", Gruyter, 2004